电网企业生产现场作业“十不干”执行手册

本书编委会 编著

中国电力出版社
CHINA ELECTRIC POWER PRESS

内 容 提 要

本书根据《生产现场作业“十不干”》（国家电网安质〔2018〕21 号）要求，以漫画形式，分正确和错误的做法解读生产现场作业“十不干”释义的要求，并逐条查找安规依据，同时配以既往安全事故案例，警示性强。

本书以释义、漫画、安规和案例的有机结合为切入点，可以有效指导一线职工开展“十不干”的学习和贯彻落实。漫画的解读既醒目明了，又便于记忆；安规的依据既便于理解，又指向明确；案例的警示既教训深刻，又发人深省。

本书可作为电网企业一线职工安全日和安全月等专题安全学习活动的材料，也可以作为外来施工队伍安全培训的教材。

图书在版编目（CIP）数据

电网企业生产现场作业“十不干”执行手册/《电网企业生产现场作业“十不干”执行手册》编委会编著. —北京：中国电力出版社，2018.5（2020. 3重印）
ISBN 978-7-5198-1958-3

Ⅰ. ①电… Ⅱ. ①电… Ⅲ. ①电力工业–安全生产–生产管理–手册 Ⅳ. ①TM08–62

中国版本图书馆 CIP 数据核字（2018）第 073210 号

出版发行：中国电力出版社
地　　址：北京市东城区北京站西街 19 号（邮政编码 100005）
网　　址：http://www.cepp.sgcc.com.cn
责任编辑：崔素媛（010-63412392）
责任校对：太兴华
装帧设计：赵姗姗
责任印制：杨晓东

印　　刷：北京博图彩色印刷有限公司
版　　次：2018 年 5 月第一版
印　　次：2020 年 3 月北京第四次印刷
开　　本：880 毫米×1230 毫米　32 开本
印　　张：2.75
字　　数：63 千字
印　　数：10001—12000 册
定　　价：25.00 元

编委会

前言

党的十九大明确提出“树立安全发展理念，弘扬生命至上、安全第一的思想，完善安全生产责任制，坚决遏制重特大安全事故，提升防灾减灾救灾能力”，国家电网公司也提出了“始终把人的生命放在首位，强化红线意识和底线思维，把安全第一的要求落实到公司和电网发展全过程”的工作要求。

本书依据《国家电网公司关于印发生产现场作业“十不干”的通知》（国家电网安质〔2018〕21号）编写。《生产现场作业“十不干”》是国家电网公司在认真总结近几年安全生产事故教训和深入分析导致事故发生原因的基础上，归纳和总结出来的生产现场作业“十条禁令”。认真贯彻和严格落实，将有效杜绝安全事故的发生。

本书从生产实际出发，以漫画的形式逐字逐句对“十不干”的内容进行深度解读分析，并配以安规相关条款和典型的事故案例，帮助各个层级生产人员理解弄懂落实“十不干”工作要求，解决生产人员现场“做什么”和“怎么做”的问题，促进生产人员从“知道”到“做到”。

本书编写人员均来自生产一线，并有从事现场稽查的工作经历，对现场违章行为有着深刻的认知和理解。本书编写过程中得到了天津市电力公司安质部和兄弟单位的大力支持，在此表示感谢。

遵章是安全最大的保障，安全是人生最大的幸福。希望本书能有助于生产人员正确理解和执行“十不干”要求，严格遵守安规各项条款，促成良好的安全行为习惯养成。

目录

前言

一 无票的不干……1
二 工作任务、危险点不清楚的不干……8
三 危险点控制措施未落实的不干……20
四 超出作业范围未经审批的不干……28
五 未在接地保护范围内的不干……34
六 现场安全措施布置不到位、安全工器具不合格的不干……41
七 杆塔根部、基础和拉线不牢固的不干……49
八 高处作业防坠落措施不完善的不干……54
九 有限空间内气体含量未经检测或检测不合格的不干……63
十 工作负责人（专责监护人）不在现场的不干……71

一、无票的不干

1. 在电气设备上及相关场所的工作，正确填用工作票、操作票是保证安全的基本组织措施。

一 无票的不干

2. 无票作业容易造成安全责任不明确，保证安全的技术措施不完善，组织措施不落实等问题，进而造成管理失控发生事故。

3. 倒闸操作应有调控值班人员、运维负责人正式发布的指令，并使用经事先审核合格的操作票；在电气设备上工作，应填用工作票或事故紧急抢修单，并严格履行签发许可等手续，不同的工作内容应填写对应的工作票；动火工作必须按要求办理动火工作票，并严格履行签发、许可等手续。

依据

《国家电网公司电力安全工作规程（变电部分）》：

6.1 在电气设备上工作，保证安全的组织措施：

a）现场勘察制度。

b）工作票制度。

c）工作许可制度。

d）工作监护制度。

e）工作间断、转移和终结制度。

6.3.11.2 工作负责人（监护人）：

a）正确安全地组织工作。

b）负责检查工作票所列安全措施是否正确完备，是否符合现场实际条件，必要时予以补充。

c）工作前对工作班成员进行危险点告知，交待安全措施和技术措施，并确认每一个工作班成员都已知晓。

d）严格执行工作票所列安全措施。

e）督促、监护工作班成员遵守本部分，正确使用劳动防护用品和执行现场安全措施。

f）工作班成员精神状态是否良好，变动是否合适。

6.3.11.3 工作许可人：

a）负责审查工作票所列安全措施是否正确、完备，是否符合现场条件。

b）工作现场布置的安全措施是否完善，必要时予以补充。

c）负责检查检修设备有无突然来电的危险。

d）对工作票所列内容即使发生很小疑问，也应向工作票签发人询问清楚，必要时应要求做详细补充。

相关事故案例

案例一 2012年6月16日，国网内蒙古东部电力有限公司赤峰市喀喇沁旗农电局旺业甸供电所在10kV上瓦房426线16号变台低压配电箱的移位操作中，旺业甸供电所农村电工张××在未办理工作票、未进行验电、未装设接地线情况下，严重违章作业，导致触电，进而从高处坠落（未系安全带），经抢救无效死亡。

事故经过：

6月16日7时左右，抄表班班长张××以电话方式通知张××（死者）："由旺业甸供电所农村电工李××和秦××配合其进行移位作业，同时，要求张××（死者）在施工作业前，要先找运检班班长，由运检班班长报供电所所长批准，办好工作票，采取安全措施再施工。"10时30分许，在运检班班长和供电所所长不知情，也未办理工作票手续的情况下，张××（死者）带领李××和秦××二人到达16号变台进行低压配电箱的移位工作。作业人员张××（死者）用存放于家中的10kV绝缘杆，拉开16号变台三相跌落式熔断器，李××将16号变台低压配电箱内隔离刀闸拉至分位。在未进行验电、未装设接地线的情况下，张××（死者）、秦××二人登台作业。10时45分，张××（死者）作业过程中右手触碰变压器高压套管，触电后从高处坠落（未系安全带）。李××、秦××立即与当地医疗急救中心联系救治，并对触电者实施现场触电急救。因伤势过重，张××在喀喇沁旗医院抢救无效，于2012年6月16日12时50分左右死亡。

事故原因分析：

（1）作业人员张××在未办理工作票手续的情况下，擅自带领人员进行停电作业，没有执行保证安全的组织措施。

（2）作业人员在拉开高、低压侧断路器后，未对停电设备进行验电、未装设接地线，没有执行保证安全的技术措施。

（3）作业现场未设立监护人，工作班成员没有及时制止违章行为，在坠落高度基准面超过 2m 的情况下未使用安全带，没有执行保证安全的现场防护措施。

案例二 2012 年 8 月 26 日 5 时 48 分，国网江西省赣东北供电公司万年县供电有限责任公司（属控股公司）青云供电所员工姚××，擅自在 10kV 青和线史桥支线停电操作过程中，严重违章作业，带负荷拉隔离开关导致触电死亡事故，死亡 1 人。

事故经过：

2012 年 8 月 26 日 5 时 40 分左右，郑××到青云供电所用汽车送姚××到 10kV 青和线史桥支线 1 号杆（10m 直线杆）附近马路边，郑××坐在车内，姚××一人带上绝缘操作杆、安全带和安全帽独自去操作。5 时 48 分左右，姚××登上电杆进行 10kV 青和线史桥支线停电操作，在 10kV 青和线 002 号断路器未断开情况下，带负荷先拉开 10kV 青和线史桥支线 1 号杆 FK015 号隔离开关（GW9-10/400，单极隔离开关）B、C 相，在拉开 A 相隔离开关时，产生弧光导致 A 相绝缘子（靠电源侧动触点处）击穿并通过电杆接地，在电杆上操作的姚××从约 2m 高处迅速下杆，下杆后人身触电死亡（事故后，据万年县司法部门检查，发现死者左肩胛部及左足底根部分别有电流斑，结合江西省电科院现场测试分析，认为姚 ×× 下地后左肩胛部不幸触碰到已带电的水泥杆，此时水泥杆上部金属横担与电杆固定处已被电弧击穿，通过电杆钢筋的故障电流达 125A，电压高达 4100V，使人体承受致命的接触电压，造成电流经左肩胛部至左足底根部放电，导致触电死亡）。

事故原因分析：

（1）直接原因：操作人员姚 ×× 严重违反《电力安全作业规程》。用绝缘操作杆带负荷拉 10kV 青和线史桥支线 1 号杆 FK015 号隔离刀闸，产生弧光导致 A 相绝缘子击穿，电流通过电杆单相接地，导致触电死亡。

（2）主要原因：

1）操作人员姚 ×× 无计划作业，无操作票、无监护、无调度许可指令，严重违章操作。

2）高压班班长何 ×× 未履行工作职责，擅自违章指挥班员未经过调度许可进行 10kV 青和线史桥支线停电操作，对工作班成员姚 ×× 布置任务时未交代在农电标准化作业支持平台（SPMIS 系统）开操作票和操作注意事项。

3）青云供电所所长黄 ×× 工作履责不到位，在无停电计划的情况下，擅自安排操作前的现场勘察，未正确组织工作。

二、工作任务、危险点不清楚的不干

1. 在电气设备上的工作（操作），做到工作任务明确、作业危险点清楚，是保证作业安全的前提。工作任务、危险点不清楚，会造成不能正确履行安全职责、盲目作业、风险控制不足等问题。

2. 倒闸操作前，操作人员（包括监护人）应了解操作目的和操作顺序，对操作指令有疑问时应向发令人询问清楚无误后执行。

3. 持工作票工作前工作负责人、专责监护人必须清楚工作内容、监护范围、人员分工、带电部位、安全措施和技术措施，清楚危险点及安全防范措施，并对工作班成员进行告知交底。

4. 工作班成员工作前要认真听取工作负责人、专责监护人交代，熟悉工作内容、工作流程，掌握安全措施，明确工作中的危险点，履行确认手续后方可开始工作。

5. 检修、抢修、试验等工作开始前，工作负责人应向全体作业人员详细交待安全注意事项，交待邻近带电部位，指明工作过程中的带电情况，做好安全措施。

➤ 依据

《国家电网公司电力安全工作规程（变电部分）》：

5.3.1 倒闸操作应根据值班调控人员或运维负责人的指令，受令人复诵无误后执行。发布指令应准确、清晰，使用规范的调度术语和设备双重名称。发令人和受令人应先互报单位和姓名，发布指令的全过程（包括对方复诵指令）和听取指令的报告时应录音并做好记录。操作人员（包括监护人）应了解操作目的和操作顺序。对指令有疑问时应向发令人询问清楚无误后执行。发令人、受令人、操作人员（包括监护人）均应具备相应资质。

6.3.11 工作票所列人员的安全责任。

6.3.11.1 工作票签发人：

a）工作必要性和安全性。

b）工作票上所填安全措施是否正确完备。

c）所派工作负责人和工作班人员是否适当和充足。

6.3.11.2 工作负责人（监护人）：

a）正确安全地组织工作。

b）负责检查工作票所列安全措施是否正确完备，是否符合现场实际条件，必要时予以补充。

c）工作前对工作班成员进行危险点告知，交待安全措施和技术措施，并确认每一个工作班成员都已知晓。

d）严格执行工作票所列安全措施。

e）督促、监护工作班成员遵守本部分，正确使用劳动防护用品和执行现场安全措施。

f）工作班成员精神状态是否良好，变动是否合适。

6.3.11.3 工作许可人：

a）负责审查工作票所列安全措施是否正确、完备，是否符合现场条件。

b）工作现场布置的安全措施是否完善，必要时予以补充。

c）负责检查检修设备有无突然来电的危险。

d）对工作票所列内容即使产生很小的疑问，也应向工作票签发人询问清楚，必要时应要求做详细补充。

6.3.11.4 专责监护人：

a）明确被监护人员和监护范围。

b）工作前对被监护人员交待安全措施，告知危险点和安全注意事项。

c）监督被监护人员遵守本部分和现场安全措施，及时纠正不安全行为。

6.3.11.5 工作班成员：

a）熟悉工作内容、工作流程，掌握安全措施，明确工作中的危险点，并履行确认手续。

b）严格遵守安全规章制度、技术规程和劳动纪律，对自己在工作中的行为负责，互相关心工作安全，并监督本部分的执行和现场安全措施的实施。

c）正确使用安全工器具和劳动防护用品。

相关事故案例

案例一 2015 年 3 月 18 日 17 时 55 分，国网安徽省宣城供电公司员工赵 ×，在 110kV 梅林变电站 35kV Ⅰ段母线故障抢修过程中触电，造成右手右脚被电弧灼伤。

事故经过：

2015 年 3 月 17 日 21 时 28 分，宣城公司 110kV 梅林站

35kV Ⅰ段母线故障，造成1号主变压器301断路器后备保护跳闸。3月18日上午，经变电检修人员现场检查测试后，最终确定35kV上触点盒绝缘损坏，并制订了检修方案。3月18日16时整，宁川运维站值班人员洪××许可工作负责人曹××150318004号变电第一种工作票开工（工作任务为：在备用345开关柜拆除上触点盒；在35kV狮桥341开关柜、南极347开关柜、35kV Ⅰ段母线电压互感器更换上触点盒），许可人向工作负责人交代了带电部位和注意事项，说明了邻近仙霞343开关柜线路带电。许可工作时，35kV 341断路器及线路、347断路器及线路、35kV Ⅰ段母线电压互感器为检修状态；35kV仙霞343断路器为冷备用状态，但手车已被拉出开关仓，且触点挡板被打开，柜门掩合（上午故障检查时未恢复）。16时10分，工作负责人曹××安排章××、赵×、庹×负责35kV备用345开关柜上触点盒拆除和35kV狮桥341开关柜A、B相上触点盒更换及清洗；安排胡××、齐××负责35kV南极347开关柜及Ⅰ段母线电压互感器C相上触点盒更换及清洗，进行了安全交底后开始工作。17时55分左右，工作班成员赵×（伤者）在无人知晓的情况下误入邻近的仙霞343开关柜内（柜内下触点带电）。1分钟后，现场人员听到响声并发现其触电倒在343开关柜前，右手右脚被电弧灼伤（当时神志清醒），立即拨打120电话。宁国市人民医院急救车18时40分许到达现场，将伤者送医院救治。

事故原因分析：

这是一起由于安全措施落实不全、监护不到位、现场工作人员安全意识淡薄造成的人员伤害责任事故。

（1）工作人员自我防护意识不强，没有认真核对设备名称、编号就打开柜门进行工作，导致误入带电间隔，是事故的直接原因。

（2）检修人员擅自改变设备状态，强行打开触点盒挡板，是事故的主要原因。

（3）工作许可人在本次工作许可前未再次核对检查设备，未及时发现仙霞 343 断路器已被拉出，误认为设备维持原有冷备用状态，安全措施不完备。

（4）现场工作负责人没有认真履行监护职责，现场到岗到位管理人员未认真履行到位监督职责，未能掌控现场的关键危险点，是事故的重要原因。

案例二 2015 年 3 月 23 日 9 时 40 分，国网保定供电公司 110kV 朝阳路变电站 1 号主变压器单元春检试验现场，发生一起作业人员孙 ×× 误碰 10kV 带电设备的事故，造成 1 人死亡。

事故经过：

2015 年 3 月 23 日，110kV 朝阳路站的春检工作内容为：1 号主变压器及中性点避雷器，501 断路器、501CT、501-3 刀闸小车，1 号主变压器 10kV 侧母线桥及桥避雷器例行试验；1 号主变压器保护周校，1 号主变压器本体端子箱更换黑胶木端子排；512、531 保护改定值等。110kV 朝阳路站 1 号主变压器转检修，1 号主变压器的 501 断路器转检修，拉出 501-3 刀闸小车；512、531 断路器转冷备用，其余设备正常运行。8 时 20 分，变电检修三班作业小组完成安全措施交代，签字确认手续后开工。变电检修三班小组工作负责人张 ××，作业人员陈 ××、孙 ×× 进行 10kV 501 主进线开关柜全回路电阻测试工作。9 时 40 分，工

作人员孙 ×× 在柜后做准备工作时，误将 501 断路器后柜上柜门母线桥小室盖板打开（小室内部有未停电的 10kV Ⅲ段母线），触电倒地。

事故原因分析：

（1）作业人员孙 ×× 未经工作负责人允许，擅自打开 501 断路器后柜上柜门母线桥小室盖板，碰触带电部位，属严重行为违章，是造成此次事故的直接原因。

（2）作业现场危险点辨识不全面，现场工作人员对 10kV 501 主进线开关柜内母线布置方式不清楚，采取的措施缺乏针对性。

（3）小组工作负责人没有及时发现并制止孙 ×× 的违章行为，未能尽到监护责任。

案例三 某年 1 月 14 日 11 时 13 分，湖南 500kV 民丰变电站进行隔离开关检修工作，需要“220kV 2 母线运行，1 段母线停电转检修状态”，在操作 220kV 1 段母线接地刀闸时，操作人员走错间隔，带电误合 220kV 2 段母线接地刀闸，母差保护动作，造成变电站 220kV 母线全停。

事故原因分析：

此次事故的原因是事故当事人违反了一系列规章制度，如下。

（1）在倒闸操作过程中，未唱票、复诵，没有核对断路器、隔离开关名称、位置和编号就盲目操作，违反了国网湖南省电力公司“关于防止电气误操作事故禁令”中关于“验电、唱票、复诵和三核对”的规定，违反了《国家电网公司电力安全工作规程（变电部分）》第 22 条“操作前应核对设备名称、编号和位置，操作中还应认真执行监护复诵制”的规定。

（2）未经验电就合接地刀闸，违反了《国家电网公司电力安全工作规程（变电部分）》第 70 条“在装设接地线或接地刀闸前必须进行验电检查”和第 73 条“当验明设备确已无电压后，应立即将检修的设备接地并三相短路”的规定。

（3）操作中为减少操作流程，监护人和操作人在操作进行中擅自决定改变操作票顺序，将第 53、54 项与第 55、56 项顺序改变。违反了《国家电网公司电力安全工作规程（变电部分）》第 24 条“不准擅自更改操作票，不准随意解除闭锁装置”的规定，违反了国网湖南省电力公司《关于执行电气操作票和工作票制度的补充规定》的 6.1.7 和《国家电网公司电力安全工作规程》第 21 条“操作票票面应清楚整洁，不得任意涂改”的规定。

（4）操作中随意解除防误闭锁装置进行操作，违反了《国家电网公司电力安全工作规程（变电部分）》第 24 条“操作中发生疑问时，应立即停止操作并向值班调度员或值班负责人报告，弄清楚问题后，再进行操作，不准擅自更改操作票，不准随意解除闭锁装置”的规定。

（5）操作中监护人帮助操作人操作，没有严格履行监护职责，致使操作完全失去监护，且客观上还误导了操作人。违反了《电业安全工作规程》第 23 条“特别重要和复杂的倒闸操作，由熟练的值班员操作，值班负责人或值长监护”的规定。担任监护的是一名正值班员，不是值班负责人或值长。

（6）值长随意许可解锁钥匙的使用，没有到现场认真核对设备情况和位置，违反了《防误锁万能钥匙管理规定》。且审票不严，明明知道验电地点不可能验到电，也没有提出修改意见。

（7）现场把关人员对重大操作的现场把关不到位，国网湖南省娄底供电公司变电运行管理所领导违反娄底供电公司关于《各级各类人员生产现场安全监督把关的规定》，没有到现场把关，副站长和运行工程师虽到现场帮助做了一些准备工作，但在真正需要把关的时候，没有在操作现场，而是在做其他工作，没有履行把关人员的职责。

三、危险点控制措施未落实的不干

1. 采取全面有效的危险点控制措施，是现场作业安全的根本保障，分析出的危险点及控制措施也是“两票”、“三措”等中的关键内容，在工作前向全体作业人员告知，能有效防范可预见性的安全风险。

2. 运维人员应根据工作任务、设备状况及电网运行方式，分析倒闸操作过程中的危险点并制定防控措施，操作过程中应再次确认落实到位。

3. 工作负责人在工作许可手续完成后，组织作业人员统一进入作业现场，进行危险点及安全防范措施告知，全体作业人员签字确认。全体人员在作业过程中，应熟知各方面存在的危险因素，随时检查危险点控制措施是否完备、是否符合现场实际，危险点控制措施未落实到位或完备性遭到破坏的，要立即停止作业，按规定补充完善后再恢复作业。

依据

《国家电网公司电力安全工作规程（变电部分）》：

5.2 现场勘察制度：

5.2.2 现场勘察应查看现场施工（检修）作业需要停电的范围、保留的带电部位和作业现场的条件、环境及其他危险点等。

6.3.11.2 工作负责人（监护人）：

c）工作前对工作班成员进行危险点告知，交待安全措施和技术措施，并确认每一个工作班成员都已知晓。

6.3.11.5 工作班成员：

a）熟悉工作内容、工作流程，掌握安全措施，明确工作中的危险点，并履行确认手续。

6.5 工作监护制度：

6.5.1 工作许可手续完成后，工作负责人、专责监护人应向工作班成员交待工作内容、人员分工、带电部位和现场安全措施，进行危险点告知，并履行确认手续，工作班方可开始工作。工作负责人、专责监护人应始终在工作现场，对工作班人员的安全认真监护，及时纠正不安全的行为。

相关事故案例

案例一 2013 年 10 月 19 日，华能上海电力检修公司在进行 220kV 同济变电站 35kV 开关柜大修准备工作时，发生人身触电事故，造成 1 人死亡、2 人受伤。

事故经过：

10 月 19 日，华能上海电力检修公司变电检修中心变电检修六组组织厂家对 220kV 同济变电站 35kV 开关柜做大修前的尺寸测量等准备工作，当日任务为“2号主变压器35kV Ⅲ段母线开关柜尺寸测绘、35kV备24柜设备与母线间隔试验、2号站用变压器回路清扫”。工作班成员共8人，其中国网上海电力检修公司3人，卢×（伤者）担任工作负责人；设备厂家技术服务人员陈×、林×（死者）、刘×（伤者）等5人，陈×担任厂家项目负责人。

9时25分至9时40分，国网上海电力检修公司运行人员按照工作任务要求实施完成以下安全措施：合上35kV Ⅲ段母线接地手车、35kV备24线路接地刀闸，在2号站用变压器35kV侧及380V侧挂接地线，在35kV Ⅱ/Ⅲ分段母线开关柜门及35kV Ⅲ段母线上所有出线柜加锁，挂“禁止合闸、有人工作”牌，邻近有电部分装设围栏，挂“止步，高压危险”牌，工作地点挂“在此工作”牌，对工作负责人卢×进行工作许可，并强调了2号主变压器35kV三段开关柜内变压器侧带电。

10时左右，工作负责人卢×持工作票召开站班会，进行安全交底和工作分工后，工作班开始工作。在进行2号主变压器35kV Ⅲ段母线开关柜内部尺寸测量工作时，厂家项目负责人陈×向卢×提出需要打开开关柜内隔离挡板进行测量，卢×未予以制止，随后陈×将核相车（专用工具车）推入开关柜内打开了隔离挡板，要求厂家技术服务人员林×留在2号主变压器35kV Ⅲ段母线开关柜内测量尺寸。

10时18分，2号主变压器35kV Ⅲ段母线开关柜内发生触电事故，林×在柜内进行尺寸测量时，触及2号主变压器35kV Ⅲ段母线开关柜内变压器侧静触头，引发三相短路，2号主变压器低压侧、高压侧复压过流保护动作，2号主变压器35kV Ⅳ段母线断路器分闸，并远跳220kV浏同4244线宝浏站断路器，

35kV Ⅰ/Ⅳ分段母线断路器自投成功，负荷无损失。林×当场死亡，在柜外的卢×、刘×受电弧灼伤。2号主变压器35kV Ⅲ段母线开关柜内设备损毁，相邻开关柜受电弧损伤。

事故原因分析：

（1）现场作业严重违章。在2号主变压器带电运行、进线断路器变压器侧静触头带电的情况下，现场工作人员错误地打开35kV Ⅲ段母线进线开关柜内隔离挡板进行测量，触及变压器侧静触头，导致触电事故，暴露出工作负责人未能正确、安全地组织工作，现场作业人员对设备带电部位、作业危险点不清楚，作业行为随意，现场安全失控。

（2）生产准备工作不充分。国网上海电力检修公司在作业前未与设备厂家进行充分有效的沟通，对设备厂家人员在开关柜测量的具体工作内容、工作方法了解不充分，现场实际工作内容超出了安全措施的保护范围，而且对进入生产现场工作的外来人员安全管理不到位，没有进行有效的安全资质审核，生产管理和作业组织存在漏洞。

（3）风险辨识和现场管控不力。事故涉及的工作票上电气接线图中虽然注明了带电部位，但工作票“工作地点保留带电部分”栏中，未注明开关柜内变压器侧为带电部位，暴露出工作票审核、签发、许可各环节把关不严。工作负责人未能有效履行现场安全监护和管控责任，对不熟悉现场作业环境的外来人员，没能针对性开展安全交底，未能及时制止作业人员不安全行为。

案例二 2011年10月15日，唐山供电公司丰润区电力管理局火石营供电所在进行10kV线路停电检修更换耐张杆施工过程中，发生倒杆事故，造成1人死亡。

事故经过：

10月15日，火石营供电所进行10kV黄昏峪522线路检修工作，工作地段为“白支9号杆至老偏支8号杆”，工作内容为更换耐张杆4基、直线杆2基。当天的工作分两组进行，第一组由所长马××带队（共14人）；第二组由运行班长茹××带队（共10人）。

8时40分，因9号杆周边不具备施工条件，第一组负责人马××决定大部分工作人员和吊车转移到17号杆工作，待地面稍干后再更换9号杆。同时，马××指定赵××担任9号杆工作的临时负责人，安排赵××、马××（农电工）“完成3条新拉线盘、拉线棒的安装、制作好新拉线，安装好9号杆临时拉线后再放下导线”，等待其他人员和吊车回来后进行换杆工作，并再次交代工作内容、危险点分析和针对性措施后离开9号杆现场。赵××和马××（农电工）将3条新拉线的拉线卡盘放入拉线坑并调整好位置后，赵××安排马××（农电工）到白菜地边上的空地上（位于9号杆东北方向15～20m）制作新拉线，自己进行新拉线棒的安装（与拉线盘连接）工作。

11时20分，赵××完成新拉线棒安装后，在没有监护的情况下擅自登杆，在没有安装临时拉线的情况下，首先解开9号杆南侧拉线上把，随后放下9号杆北侧三相导线。11时48分，赵××将9号杆西南侧三相导线松开，导致9号杆向东北侧方向倾倒，赵××被电杆压在下方。

事故原因分析：

（1）直接原因：9号杆现场临时工作负责人赵××工作时违反安全规程的规定和工作票、标准化作业指导卡中“危险点分析和控制措施”的要求，未正确履行监护职责，在没有监护的情况下擅自登杆作业，未按要求安装临时拉线，拆除3号拉线并放下两侧导线，导致9号杆倾倒，是本次事故的直接原因。

（2）主要原因：火石营供电所所长、现场第一组工作负责人马××未能认真履行职责，临时改变作业程序，人员选派不合理，工作任务、危险点分析和控制措施交代不清。

（3）间接原因：安全监护不到位。工作负责人刘××在事故前已经巡视到9号杆，工作组成员马××（农电工）在距离9号杆15m远的空地制作新拉线，均未能实施有效监护，未能制止赵××擅自登杆、未安装临时拉线及拆除拉线和导线的违章行为。

四、超出作业范围未经审批的不干

1. 在作业范围内工作，是保障人员、设备安全的基本要求。

2. 擅自扩大工作范围、增加或变更工作任务，将使作业人员脱离原有安全措施保护范围，极易引发人身触电等安全事故。

3. 增加工作任务时，如不涉及停电范围及安全措施的变化，现有条件可以保证作业安全，经工作票签发人和工作许可人同意后，可以使用原工作票，但应在工作票上注明增加的工作项目，并告知作业人员。

4. 如果增加工作任务时涉及变更或增设安全措施时，应先办理工作票终结手续，然后重新办理新的工作票，履行签发、许可手续后，方可继续工作。

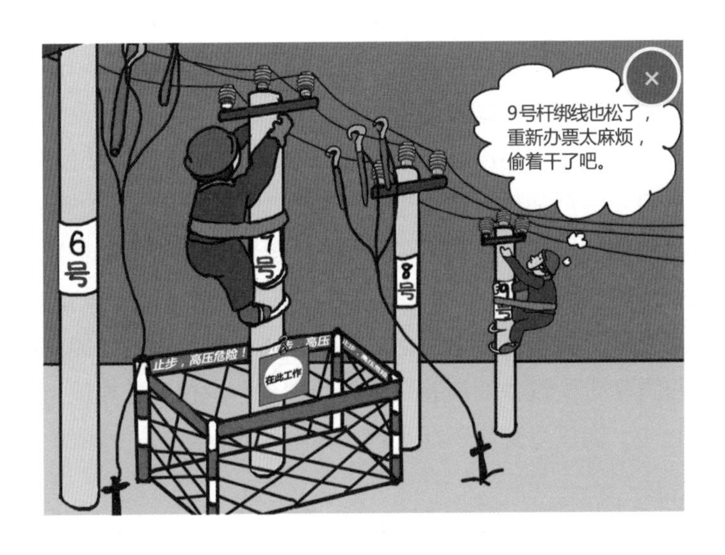

» 依据

《国家电网公司电力安全工作规程（变电部分）》：

6.3.8.8 在原工作票的停电及安全措施范围内增加工作任务时，应由工作负责人征得工作票签发人和工作许可人同意，并在工作票上增填工作项目。若需变更或增设安全措施者应填用新的工作票，并重新履行签发许可手续。

7.5.5 在室外高压设备上工作，应在工作地点四周装设围栏，其出入口要围至临近道路旁边，并设有“从此进出！”的标示牌。工作地点四周围栏上悬挂适当数量的“止步，高压危险！”标示牌，标示牌应朝向围栏里面。若室外配电装置的大部分设备停电，只有个别地点保留有带电设备而其他设备无触及带电导体的可能时，可以在带电设备四周装设全封闭围栏，围栏上悬挂适当数量的“止步，高压危险！”标示牌，标示牌应朝向围栏外面。

相关事故案例

案例一 2013 年 4 月 12 日，国网山东省聊城供电公司变电检修室安排工作负责人焦 ××、工作班成员叶 ××、刘 × 于 14 时到达堂邑站处理缺陷。在运行人员做好现场补充安全措施，设置好围栏标示牌后，办理事故应急抢修单开工手续，工作负责人焦 ×× 向工作班成员叶 ××、刘 × 交代完安全措施，强调禁止开启后柜门等安全注意事项后开始工作。更换完跳闸线圈后，经过反复调试，10kV 罗屯线 456 断路器仍然机构卡涩，合不上。晚饭后，20 时 10 分，焦 ××、叶 ×× 两人在开关柜前研究进一步解决机构卡涩问题的方案时，刘 × 擅自从开关柜前柜门取下后柜门解锁钥匙，移开围栏，打开后柜门欲向机构连杆处加注机油，当场触电倒地，经抢救无效死亡。

案例二 2012 年 5 月 18 日，国网宁夏电力公司超高压分公司负责执行石嘴山供电局 220kV 落石滩变电站 28114、28122、28113 三个间隔修试工作。工作结束后，工作负责人结束工作票过程中，工作班一名成员在未经任何人安排情况下，擅自携带绝缘梯误入正常运行的 28101 间隔，攀爬带电断路器，致使 A 相断路器下接线板对人体放电，造成人员电弧灼伤。

案例三 2009 年 8 月 9 日，国网青海省海东供电公司变电运行工区综合服务班在 110kV 川口变电站进行微机五防系统检查及线路带电显示装置检查工作，工作结束后，赵 ×× 独自返回工作现场，跨越安全围栏，攀登挂有“禁止攀登，高压危险！”标示牌的爬梯，登上 35kV 川米联线 562 隔离开关构架，与带电的 562 隔离开关 C 相线路侧触点安全距离不够，发生触电后从构架上坠落至地面，经抢救无效后死亡。

案例四 2009 年 5 月 15 日，国网湖南省常德电业局在进行 110kV 桃源变电站 10kV 设备年检时，刚某失去监护擅自移开 3X24TV 开关柜后门所设遮栏，卸下 3X24TV 开关柜后柜门螺丝，并打开后柜门进行清扫工作（不在当日工作内容中）时，触及 3X24TV 开关柜内带电母排，发生触电，送医院抢救无效死亡。

五、未在接地保护范围内的不干

1. 在电气设备上工作，接地能够有效防范检修设备或线路突然来电等情况。

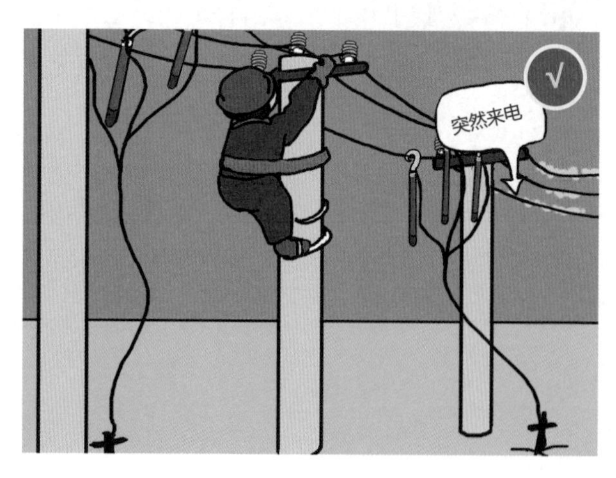

2. 未在接地保护范围内作业，如果检修设备突然来电或临近高压带电设备存在感应电，容易造成人身触电事故。

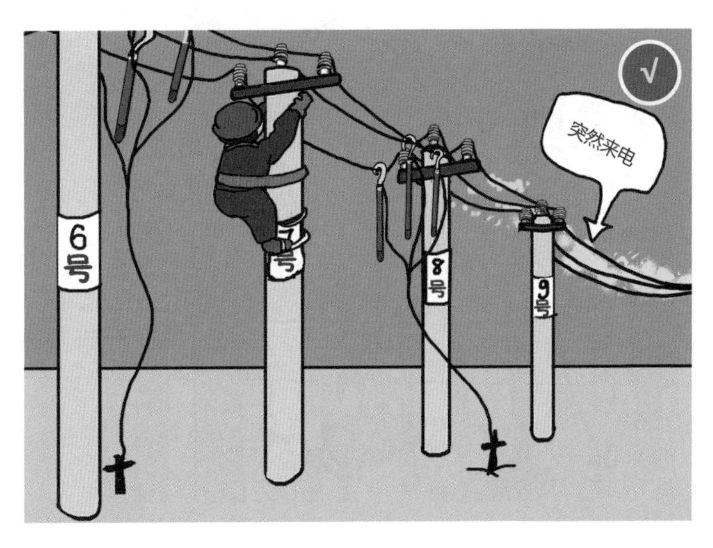

3. 检修设备停电后，作业人员必须在接地保护范围内工作。

4. 禁止作业人员擅自移动或拆除接地线。

5. 高压回路上的工作，必须要拆除全部或一部分接地线后始能进行工作者，应征得运维人员的许可（根据调控人员指令装设的接地线，应征得调控人员的许可），方可进行。工作完毕后立即恢复。

⏵ 依据

《国家电网公司电力安全工作规程（变电部分）》：

7.4.3 对于可能送电至停电设备的各方面都应装设接地线或合上接地刀闸（装置），所装接地线与带电部分应考虑接地线摆动时仍符合安全距离的规定。

7.4.11 禁止作业人员擅自移动或拆除接地线。高压回路上的工作，必须要拆除全部或一部分接地线后始能进行工作者（如测量母线和电缆的绝缘电阻，测量线路参数，检查断路器触头是否同时接触），应征得运维人员的许可（根据调控人员指令装设的接地线，应征得调控人员的许可），方可进行。工作完毕后立即恢复。

相关事故案例

案例一 2012年6月16日7时左右，国网内蒙古东部电力有限公司赤峰市喀喇沁旗农电局旺业甸电所抄表班班长张××以电话方式通知张××（死者）："由旺业甸供电所农村电工李××和秦××配合其进行移位作业，同时，要求张××（死者）在施工作业前，要先找运检班班长，由运检班班长报供电所所长批准，办好工作票，采取安全措施再施工。"10时30分许，在运检班班长和供电所所长不知情，也未办理工作票手续的情况下，张××（死者）带领李××和秦××二人到达16号变台进行低压配电箱的移位工作。作业人员张××（死者）用存放于家中的10kV绝缘杆，拉开16号变台三相跌落式熔断器（型号：HRW11-12/200-12.5），李××将16号变台低压配电箱内隔离刀闸拉至分位。在未进行验电、未装设接地线的情况下，张××（死者）、秦××二人登台作业。10时45分，张××（死者）作业过程中右手触碰变压器高压套管，触电后从高处坠落（未系安全带）。李××、秦××立即与当地医疗急救中心联系救治，并对触电者实施现场触电急救。因伤势过重，张××在喀喇沁旗医院抢救无效，于2012年6月16日12时50分左右死亡。

案例二 2016年4月1日11时30分，唐山供电公司220kV罗屯变电站110kV兴东二线113线路停电检修，站里进行113-2隔离开关检修，加装站端避雷器，一名检修人员（男，54岁，唐山供电公司变电检修室职工）在打开隔离开关A相线路侧引线连接板时，失去地线保护，发生感应电触电，经抢救无效死亡。

案例三 2013年7月18日，110kV红光变电站进行110kV银园一线红光支线线路隔离开关17523和旁路母线隔离开关17520更换工作，110kV银园一线红光支线、110kV旁路母线在检修状态，在1752断路器与隔离开关17523之间、隔离开关17523出线侧、隔离开关17520旁路母线侧分别装设了接地线。16时5分，工作班成员蔡×通过吊车辅助拆除银园一线红光支线至17520旁路母线隔离开关C相T接引流线，工作负责人王×站在旁路母线隔离开关构架上手抓C相T接引流线配合拆除工作，在蔡×将T接处线夹拆除后，王×手抓的C相引流线下落过程中将装设在银园一线红光支线引流线处的C相接地线碰落，摆动的银园一线红光支线引流线与王×手中的引流线接触，发生感应电触电，王×抢救无效死亡。

六、现场安全措施布置不到位、安全工器具不合格的不干

1. 悬挂标示牌和装设遮栏（围栏）是保证安全的技术措施之一。

2. 标示牌具有警示、提醒作用，不悬挂标示牌或悬挂错误存在误拉合设备，误登、误碰带电设备的风险。

3. 围栏具有阻隔、截断的作用，如未在工作地点四周装设至出入口的围栏、未在带电设备四周装设全封闭围栏或围栏装设错误，存在误入带电间隔，将带电体视为停电设备的风险。

4. 安全工器具能够有效防止触电、灼伤、坠落、摔跌等，保障工作人员人身安全。

5. 合格的安全工器具是保障现场作业安全的必备条件，使用前应认真检查无缺陷，确认试验合格并在试验期内，拒绝使用不合格的安全工器具。

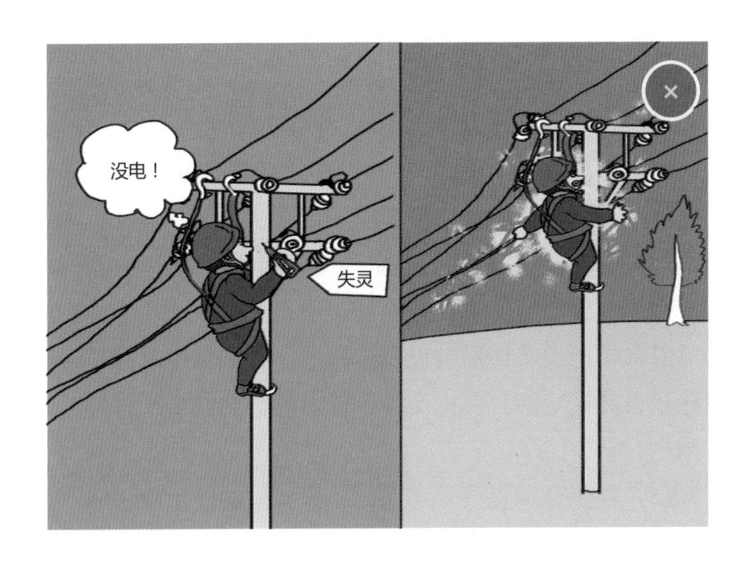

依据

《国家电网公司电力安全工作规程（变电部分）》：

7.5.3 在室内高压设备上工作，应在工作地点两旁及对面运行设备间隔的遮栏（围栏）上和禁止通行的过道遮栏（围栏）上悬挂“止步，高压危险！”的标示牌。

7.5.5 在室外高压设备上工作，应在工作地点四周装设围栏，其出入口要围至临近道路旁边，并设有“从此进出！”的标示牌。工作地点四周围栏上悬挂适当数量的“止步，高压危险！”标示牌，标示牌应朝向围栏里面。若室外配电装置的大部分设备停电，只有个别地点保留有带电设备而其他设备无触及带电导体的可能时，可以在带电设备四周装设全封闭围栏，围栏上悬挂适当数量的“止步，高压危险！”标示牌，标示牌应朝向围栏外面。禁止越过围栏。

7.5.6 在工作地点设置“在此工作！”的标示牌。

7.5.7 在室外构架上工作，则应在工作地点邻近带电部分的横梁上，悬挂“止步，高压危险！”的标示牌。在作业人员上下铁架或梯子上，应悬挂“从此上下！”的标示牌。在邻近其他可能误登的带电构架上，应悬挂“禁止攀登，高压危险！”的标示牌。

18.1.5 在没有脚手架或者在没有栏杆的脚手架上工作，高度超过 1.5m 时，应使用安全带，或采取其他可靠的安全措施。

18.1.8 安全带的挂钩或绳子应挂在结实牢固的构件上，或专为挂安全带用的钢丝绳上，并应采用高挂低用的方式。禁止挂在移动或不牢固的物件上。

附录 J（规范性附录）安全工器具试验项目、周期和要求。

依据

《国家电网公司电力安全工作规程（线路部分）》:

9.2.4 在杆塔上作业时，应使用有后备保护绳或速差自锁器的双控背带式安全带，当后备保护绳超过3m时，应使用缓冲器。

相关事故案例

案例一 2015年3月18日，某110kV变电站2号主变压器带35kV Ⅱ段母线运行；35kV Ⅰ段母线及电压互感器、狮桥341断路器、南极347断路器及线路处于检修状态，备用345断路器、1号主变压器301断路器、仙霞343断路器处于冷备用状态，仙霞343开关柜线路侧带电。16时整，运维站值班人员洪××许可工作负责人曹××变电第一种工作票开工（工作任务为：在备用345开关柜拆除上触点盒；在35kV狮桥341开关柜、南极347开关柜、Ⅰ段母线电压互感器柜更换上触点盒），许可人向工作负责人交代了带电部位和注意事项，说明了临近仙霞343开关柜线路带电（仙霞343断路器为冷备用状态，但手车已被拉出开关仓，且触点挡板被打开，柜门掩合）。16时10分，曹××安排章××、赵×、庹×负责35kV备用345开关柜上触点盒拆除和狮桥341开关柜A、B相上触点盒更换及清洗；安排胡××、齐××负责南极347及Ⅱ段母线电压互感器C相上触点盒更换及清洗，进行了安全交底后开始工作。17时55分左右，工作班成员赵×在无人知晓的情况下误入邻近的仙霞343开关柜内（柜内下触点带电）。1分钟后，现场人员听到响声并发现其触电倒在343开关柜前，右手右脚电弧灼伤。

案例二 2006年3月3日，某220kV变电站由外包单位某电气安装公司对潘花乐1230、新中1377正母闸刀刷漆。工作被许可后，工作负责人对两名油漆工（系外包单位雇用的油漆工）进行有关安全措施交底并在履行相关手续后，开始油漆工作。14时，油漆工汪 ××、毛 ×× 在补漆时走错间隔，攀爬到与潘花乐 1230 相邻的潘荷新 1229 间隔的正母闸刀上，当攀爬到距地面 2m 左右时，潘荷新 1229 正母闸刀 A 相对油漆工毛 ×× 放电，造成 110kV 母线停电和人身灼伤，并且导致由该变电站供电的 3 个 110kV 变电站失压。

案例三 1998 年 11 月 19 日，某供电局送电工区负责停电更换 110kV 渭城线全线路合成绝缘子。带电一班作业人员王 × 使用双钩更换 25 号杆合成绝缘子（双串绝缘子单挂点），11 时左右，王 × 未使用后备保护绳将安全带系在双钩丝杠上，松落了 B 相绝缘子，因合成绝缘子比原瓷串长，王 × 开始调节（松）丝杠，左手紧握丝杠护筒，右手摇动把手，丝杠松紧突然脱落，安全带从丝杠上脱出致使王 × 失去保护，从 14.5m 高空坠落，造成盆骨、右肋骨骨折。

七、杆塔根部、基础和拉线不牢固的不干

1. 近年来，国家电网公司系统多次发生因倒塔导致的人身伤亡事故，教训极为深刻。

2. 确保杆塔稳定性，对于防范杆塔倾倒造成作业人员坠落伤亡事故十分关键。作业人员在攀登杆塔作业前，应检查杆根、基础和拉线是否牢固，铁塔塔材是否缺少，螺栓是否齐全、匹配和紧固。

3. 铁塔组立后，地脚螺栓应随即加垫板并拧紧螺母及打毛丝扣。新立的杆塔应注意检查杆塔基础，若杆塔基础未完全牢固，回填土或混凝土强度未达标准或未做好临时拉线前，不能攀登。

依据

《国家电网公司电力安全工作规程（线路部分）》：

9.2.1 攀登杆塔作业前，应先检查根部、基础和拉线是否牢固。新立杆塔在杆基未完全牢固或做好临时拉线前，禁止攀登。遇有冲刷、起土、上拔或导地线、拉线松动的杆塔，应先培土加固，打好临时拉线或支好架杆后，再行登杆。

9.4.5 紧线、撤线前，应检查拉线、桩锚及杆塔。必要时，应加固桩锚或加设临时拉绳。拆除杆上导线前，应先检查杆根，做好防止倒杆措施，在挖坑前应先绑好拉绳。

相关事故案例

案例一 2017年5月7日，江西省送变电建设公司，181号铁塔地脚螺栓未安装紧固到位，发生一起铁塔倒塌事故。

案例二 2017年5月14日，国网青岛供电公司，施工人员使用了与地脚螺栓不匹配的螺母，9号铁塔整体向转角内侧坍塌，发生一起铁塔倒塌事故。

案例三 2012年3月24日，某电业局农网工程中，在35kV大田至大龙潭线路的22号杆基坑未夯实、永久拉线未安装完毕的情况下，工作负责人即安排4人进行杆上横担组装作业。由于大号侧拉线长度不够、承力不均衡，工作负责人指挥地面人员调整临时拉线，致使电杆结构受力失衡而倾倒，造成杆上4名正确使用安全带的作业人员随杆塔倾倒坠落死亡。

案例四 2006年8月7日上午，某供电公司彭××安排刘××（高压班班长兼供电所安全员，此次工作负责人）组织工作班成员杨××（死者，男，46岁）、黄××等6人，对上杨台区0.4kV分支线路电杆进行撤移施工。8时10分，工作负

责人刘 ×× 在未办理工作票的情况下，组织杨 ××、黄 ×× 共 3 人实施 2 号杆导线和横担拆除工作 [此前 2 号杆杆基培土已被开挖（深度约为电杆埋深的 1/2）]。工作负责人刘 ×× 未采取防范措施，就同意杨 ×× 上杆作业。8 时 30 分，杨 ×× 在拆除杆上导线后继续拆除电杆拉线抱箍螺栓，导致电杆倾倒，杨 ×× 随电杆一同倒下。电杆压在杨 ×× 胸部，送医院抢救无效，于 9 时 27 分死亡。

案例五 2011 年 12 月 13 日，四川电力送变电建设公司承包的官地水电站——西昌变 500kV 输电线路工程，在 N3 铁塔进行上相导线移线作业时，劳务分包单位施工作业人员未按《特殊施工方案》中规定的工艺要求执行，违规将大号侧 3 根导线移至左侧横担，1 根导线正在转移，右侧横担上仍锚有小号侧导线。致使 N3 塔上横担左、右两侧形成较大的附加力偶矩，在该力偶矩的作用下，N3 铁塔严重超载，顺时针约 180° 扭转并倒塌，发生违规操作致 8 人死亡、3 人受伤的基建较大人身事故。

八、高处作业防坠落措施不完善的不干

1. 高坠是高处作业最大的安全风险，防高处坠落措施能有效保证高处作业人员人身安全。

2. 高处作业均应先搭设脚手架、使用高空作业车、升降平台或采取其他防止坠落措施，方可进行。

3. 在没有脚手架或没有栏杆的脚手架上工作，高度超过 1.5m 时，应使用安全带，或采取其他可靠的安全措施。

4. 在高处作业过程中，要随时检查安全带是否拴牢。高处作业人员在转移作业地点过程中，不得失去安全保护。

依据

《国家电网公司电力安全工作规程（线路部分）》：

10.9 安全带的挂钩或绳子应挂在结实牢固的构件或专为挂安全带用的钢丝绳上，并应采用高挂低用的方式。禁止系挂在移动或不牢固的物件上［如隔离开关（刀闸）支持绝缘子、瓷横担、未经固定的转动横担、线路支柱绝缘子、避雷器支柱绝缘子等］。

10.10 高处作业人员在作业过程中，应随时检查安全带是否拴牢。高处作业人员在转移作业位置时不准失去安全保护。钢管杆塔、30m 以上杆塔和 220kV 及以上线路杆塔宜设置作业人员上下杆塔和杆塔上水平移动的防坠安全保护装置。

10.13 在进行高处作业时，除有关人员外，不准他人在工作地点的下面通行或逗留，工作地点下面应有围栏或装设其他保护装置，防止落物伤人。如在格栅式的平台上工作，为了防止工具和器材掉落，应采取有效隔离措施，如铺设木板等。

10.19 硬质梯子的横档应嵌在支柱上，梯阶的距离不应大于 40cm，并在距梯顶 1m 处设限高标志。使用单梯工作时，梯与地面的斜角度为 60° 左右。梯子不宜绑接使用。人字梯应有限制开度的措施。人在梯子上时，禁止移动梯子。

10.22 利用高空作业车、带电作业车、叉车、高处作业平台等进行高处作业，高处作业平台应处于稳定状态，需要移动车辆时，作业平台上不准载人。

相关事故案例

案例一 为解决 110kV 当雄—那曲—安多输电线路（以下简称“当那线、那安线”）频繁故障跳闸的问题，西藏某电力建设公司于 2006 年 4 月底开始组织实施对当那线、那安线全线提高绝缘配置、加强防风偏、加强防鸟害和加强防雷等措施的整治工作。2006 年 5 月 11 日，西藏某建设公司开始对那安线路进行增加绝缘子工作。5 月 15 日，该电力建设公司线路二班一组在完成 23 号铁塔增加绝缘子工作后，于 11 时 10 分转移到 13 号铁塔工作。按照工作程序，先用 3 吨葫芦把导线回收，退去绝缘子串的受力，然后在瓷瓶与球头挂环连接处断开，加装瓷瓶。5 月 15 日 11 时 55 分，在完成 13 号铁塔增加绝缘子工作后准备拆除紧线器时，由于距离较远，只能骑坐在绝缘子串上作业。施工人员巴桑旦增将安全带系在 13 号铁塔 C 相绝缘子串上，正准备作业时，瓷瓶 U 形挂环与铁塔挂点处螺栓发生脱落，导致绝缘子串滑脱，致使骑坐在绝缘子串上的施工人员坠地。其他工作人员随即将其送往那曲地区人民医院进行抢救，因伤势过重，抢救无效死亡。

事故原因分析：

（1）施工班组在工作前没有认真开展危险点分析工作，没有采取必要的安全防范措施。同时施工人员没有严格按照《国家电网公司电力安全工作规程（线路部分）》第6.2.5条规定，在杆塔高空作业时，佩戴有后备绳的双保险安全带。

（2）线路施工质量有问题，存在安全隐患。110kV那安线13号铁塔C相耐张瓷瓶U形挂环与铁塔挂点处螺栓没有安装开口销，因导线长期摆动造成螺栓螺帽向外滑移，在施工时该螺栓脱落，绝缘子串发生滑脱，导致工作人员从高空坠落。事故后，还发现该铁塔的A相耐张绝缘子串U形挂环没有使用规范的螺栓，螺杆长度不够。

案例二 2006年1月25日10时5分，四川省某电力建设公司在良乡杆塔试验基地拆除试验塔施工中，送电工曲木布拉准备拆塔挂吊点时，在攀爬过程中失去安全带的保护，从铁塔上约42m高处坠落至地面，经抢救无效死亡。

事故原因分析：

（1）直接原因：

1）作业人员在杆塔上转位时，未系好安全带，动作失稳，从高处坠落，是造成事故发生的直接原因。

2）作业人员的安全生产意识和自我保护意识淡薄，以致在高处作业转位时，违章作业，失去安全带的保护，是造成事故发生的根本原因。

3）施工现场缺乏全面的安全防范措施，没有严格执行安全监督检查制度。

4）四川省某电力建设公司疏于安全管理，现场安全监察不到位，没有要求作业人员在任何时候都不能失去保护是这起事故发生的另一个原因。

（2）间接原因：

1）电建所对外包单位的管理、外包单位的资质审查和签约不严，该电力建设总公司只具有送变电二级施工资质。只能承接220kV及以下电压等级输电线路的施工，而电建所的试验铁塔是一基500kV输电线路的铁塔。在施工队伍资质不够的条件下与其签订了承包合同，为事故的发生埋下了隐患。且部分合同条款有欠严谨，也存在一定漏洞。

2）开工前没按有关规定专门对承包方负责人、工程技术人员和安监人员进行全面的安全技术交底，更缺乏完整的记录。

3）电建所的杆塔试验，高空作业较多，虽然每次作业时要求承包方有安全员现场监督作业，本所的员工也要发挥安全监督和技术把关的作用。但很少进行专门的安全技术交底，很少检查承包方的安全措施，作为甲方应有的现场安全监督没有形成常态机制，存在“以包代管”的思想和麻痹思想。

4）电建所和承包方签订的安全生产和管理协议，由于认知水平上的差距，在安全生产职责的划分、落实安全生产措施，确定安全监督人员及安全生产的监督与协调等方面，所签订的安全管理协议没有完全符合《国家电网公司电力建设工程分包、劳务分包及临时用工管理规定（试行）》《国家电网公司电力生产事故调查规程》等有关规定的要求。

案例三 2013年5月29日，海南电网有限责任公司白沙供电局接到10kV白岩线检修停电任务，饶××根据调度指令填写了电力线路倒闸操作票，并在监护人栏签名。操作前，白沙供电局副局长郑 ×× 组织召开工作布置会，考虑到饶 ×× 还需完成另一项操作监护工作，而谢 ×× 是 10kV 白岩线检修工作票的监督负责人，于是临时安排谢 ×× 负责现场监护，苏 ×× 负责倒闸操作，饶 ×× 负责调度与联系。

8 时整，在前往操作现场途中，操作人苏 ×× 认为通过卸负荷方式操作项目太多、太烦琐，应该直接断开 10kV 白岩线 1 号塔 1K1 真空开关和 1G1 刀闸，谢 ××、饶 ×× 默许了苏 ×× 的要求。8 时 10 分左右，操作人员到达 10kV 白岩线 1 号塔，谢 ×× 在现场做了简单安全交代，苏 ×× 戴好安全帽、系好安全带后，登塔执行操作任务。8 时 30 分，苏 ×× 断开 1K1 真空开关。饶 ×× 按此前开的操作票内容向当班调度员汇报所有操作已经完成。8 时 35 分，苏 ×× 准备断开 1G1 隔离开关，在转位过程中松开安全带，失去安全带保护，右脚踩空，从高处坠落，头部朝下碰到花圃瓷砖围栏尖角。现场人员第一时间拨打了白沙镇和苏邦矿区医院急救电话求救，苏 ×× 经抢救无效死亡。

事故原因分析：

操作人员在操作过程中没有认真检查安全带尾绳是否系好，对倒闸操作过程存在的危险点分析和预控不到位，在铁塔上操作转移位置时失去安全带保护，致使发生高处坠落。

九、有限空间内气体含量未经检测或检测不合格的不干

1. 有限空间进出口狭小，自然通风不良，易造成有毒有害、易燃易爆物质聚集或含氧量不足，在未进行气体检测或检测不合格的情况下贸然进入，可能造成作业人员中毒、有限空间燃爆事故。

2. 电缆井、电缆隧道、深度超过 2m 的基坑、沟（槽）内等工作环境比较复杂，同时又是一个相对密闭的空间，容易聚集易燃易爆及有毒气体。在上述空间内作业，为避免中毒及氧气不足，应排除浊气，经气体检测合格后方可工作。

▶ 依据

《国家电网公司电力安全工作规程(电网建设部分)(试行)》:

4.3.1 进入井、箱、柜、深坑、隧道、电缆夹层内等有限空间作业，应在作业入口处设专责监护人。监护人员应事先与作业人员规定明确的联络信号，并与作业人员保持联系，作业前和离开时应准确清点人数。

4.3.2 有限空间作业应坚持“先通风、再检测、后作业”的原则，作业前应进行风险辨识，分析有限空间内气体种类并进行评估监测，做好记录。出入口应保持畅通并设置明显的安全警示标志，夜间应设警示红灯。

4.3.3 检测人员进行检测时，应当采取相应的安全防护措施，防止中毒窒息等事故发生。

4.3.4 有限空间作业现场的氧气含量应在 19.5% ~ 23.5%。有害有毒气体、可燃气体、粉尘容许浓度应符合国家标准的安全要求，不符合时应采取清洗或置换等措施。

4.3.5 有限空间内盛装或者残留的物料对作业存在危害时，作业前应对物料进行清洗、清空或者置换，危险有害因素符合相关要求后，方可进入有限空间作业。

4.3.6 在有限空间作业中，应保持通风良好，禁止用纯氧进行通风换气。

4.3.7 在氧气浓度、有害气体、可燃性气体、粉尘的浓度可能发生变化的环境中作业应保持必要的测定次数或连续检测。检测的时间不宜早于作业开始前 30 分钟。作业中断超过 30 分钟，应当重新通风、检测合格后方可进入。

相关事故案例

案例一 某年3月18日，海南省儋州市蔚林橡胶公司组织进行橡胶废水池清洗作业，1名员工在废水池中作业时突然晕倒，其他2名员工和闻讯赶来的厂长先后下池救人，最终导致3人中毒死亡。

事故原因分析：

企业对有限空间认识有误，认为敞开式的池子不属于有限空间，更不会导致人员中毒。企业没有对员工进行有限空间作业方面的安全培训，员工没有有限空间作业安全意识，不知道有限空间存在的中毒窒息风险，也未采取任何通风、检测、防护等措施盲目进入有限空间作业。

安全生产常识：

（1）有限空间是指封闭或部分封闭、自然通风不良的空间，极易积聚有毒有害、易燃易爆气体而导致中毒、火灾爆炸事故，或者由于氧含量不足而导致窒息事故发生。

（2）在废水池、污水池、发酵池、腌菜池、窨井、地沟等有限空间作业时，池、井、沟内积聚或因作业扰动溢出的硫化氢有毒气体将导致中毒事故发生，甚至在数秒内致人死亡。

（3）企业员工进行有限空间作业前，必须经过专门培训，掌握有限空间安全作业要求。在未经过培训和未采取有效防护措施时，员工有权拒绝有限空间作业。

案例二 某年1月14日21时20分，云南红河金珂糖业有限责任公司制炼车间副主任安排5名工人到五楼清洗7、8号糖浆箱。21 时 46 分，1 名工人进入 7 号糖浆箱，在弯下腰准备作业时晕倒，现场人员发现后用对讲机呼叫，附近 11 名工人相继进行施救，最终导致 4 人死亡、2 人中度中毒、6 人轻度中毒。

事故原因分析：

企业进行有限空间作业时未执行作业审批制度，未提前进行有限空间风险辨识，未针对风险采取有针对性的预防措施，从而导致事故发生，盲目施救导致伤亡扩大。

安全生产常识：

（1）企业对有限空间作业要实行作业审批制度，对有限空间作业条件逐条进行安全确认。

（2）企业在实施有限空间作业前，应当进行风险辨识，分析存在的危险有害因素，提出消除、控制危险有害因素的措施，制定有限空间作业方案，并经本企业负责人批准。

（3）有限空间作业应当严格遵守“先通风、再检测、后作业”的原则。

（4）有限空间作业属于高风险作业，企业必须按照有关法规要求配备有关检测、通风、防护等装备，在有限空间场所设立安全警示标识，确保作业安全。

案例三 某年 8 月 28 日上午 11 时左右，湖南省常德市安乡众鑫纸业有限责任公司在高温季节停产恢复生产准备过程中，1 名工人在清理浆纸池内废料时中毒晕倒在池中，企业老板和其他 7 名工友见状相继进入池内施救而中毒，最终导致 7 人死亡、2 人重伤。

事故原因分析：

企业未对员工进行有限空间安全作业要求和应急救援知识进行安全培训，未在作业现场配置应急装备，发生事故后，现场人员未采取任何防护措施盲目进入有限空间施救，导致施救人员伤亡。绝大多数有限空间事故都存在盲目施救导致人员伤亡扩大的情况。

安全生产常识：

（1）有限空间作业过程中一旦发生事故，现场有关人员应当立即报警，禁止盲目施救。应急救援人员应当做好自身防护，佩戴必要的呼吸器具、救援器材。

（2）企业应制订有限空间事故应急预案，并定期开展应急演练，不断提高应急处置能力，避免盲目施救导致事故伤亡扩大。

案例四 某年10月14日16时50分左右，湖北省黄冈市浠水县蓝天联合气体有限公司发生氮气窒息事故，造成3人死亡。

事故原因分析：

装置设计不合理，过剩氮气排放管接入地坑，安全风险大。受限空间管理缺位，维修工在打开地坑盖板取水时发生窒息。现场应急处置不当，盲目施救，导致事故扩大。

安全生产常识：

（1）人吸入高浓度氮气会引起缺氧窒息，迅速昏迷，因呼吸和心跳停止而死亡。

（2）化工（危险化学品）企业严禁未经审批进行动火及进入

受限空间、高处进行吊装、临时用电、动土、检维修、盲板抽堵等作业。

案例五 某年10月19日14时40分左右，江苏省镇江市索普集团甲醇厂员工在气化工段真空黑水冷却分离罐内进行清灰作业时发生一氧化碳中毒事故，造成3名作业人员死亡。

事故原因分析：

事故设备未完全有效隔绝，一氧化碳等有毒气体吸入，造成3人中毒死亡。

安全生产常识：

（1）一氧化碳属于有毒气体，高浓度短时间接触，会致人死亡，并且与空气混合易爆炸，爆炸极限为12.5%～74.2%。

（2）进入化工设备受限空间作业前，要对受限空间进行完全有效隔绝充分清洗置换，不仅要对受限空间内的氧含量进行定量检测，也要对有毒有害气体含量、可燃气体含量进行定量分析，合格后方能进行作业。

（3）作业人员应对硫化氢中毒现场处置方案。

1）现场应具备条件：

通信工具及上级、急救部门电话号码。

急救箱，正压式空气呼吸器。

2）现场应急处置程序及措施：

如电缆井、电缆隧道发生硫化氢泄漏时，人员应迅速撤离现场，并使用通风装置排风。

施救人员在正确进行自身安全防护的前提下（进入气体泄漏

区人员应着硫化氢防护服，佩戴防毒面具或正压式空气呼吸器），将中毒人员与毒源隔离。

室外设备发生泄漏后工作人员应转移至上风头处，并离开泄漏区。

中毒较重者应吸氧，并拨打120急救电话。

现场负责人将中毒人员数量、中毒程度、发生的时间等情况汇报班组长（站长）、部门领导、安质员。

3）硫化氢中毒现场急救措施：

发现有人员硫化氢中毒，救援人员必须佩戴正压式呼吸器等隔绝式呼吸器（禁止使用过滤式呼吸器）才能进入中毒现场，迅速将中毒人员解救出来。救援人员不能在有毒区摘下呼吸器，防止中毒。

向沟、池、井等事故现场鼓入新鲜空气（或氧气）将有毒气体置换出来或强制通风，至空气质量达标后再派人进入。

皮肤接触硫化氢者，应脱去污染衣物，用清水冲洗，然后就医院治疗。

十、工作负责人（专责监护人）不在现场的不干

1. 工作监护是安全组织措施的最基本要求，工作负责人是执行工作任务的组织指挥者和安全负责人，工作负责人、专责监护人应始终在工作现场。

2. 作业过程中工作负责人、专责监护人应始终在工作现场认真监护。

3. 专责监护人临时离开时，应通知被监护人员停止工作或离开工作现场，专责监护人必须长时间离开工作现场时，应变更专责监护人。工作期间工作负责人若因故暂时离开工作现场时，应指定能胜任的人员临时代替，并告知工作班成员。工作负责人必须长时间离开工作现场时，应变更工作负责人，并告知全体作业人员及工作许可人。

依据

《国家电网公司电力安全工作规程（变电部分）》：

6.5.1 工作许可后，工作负责人、专责监护人应向工作班成员交待工作内容、人员分工、带电部位和现场安全措施，告知危险点，并履行签名确认手续，方可下达开始工作的命令。工作负责人、专责监护人应始终在工作现场。

6.5.3 工作票签发人、工作负责人对有触电危险、检修（施工）复杂容易发生事故的工作，应增设专责监护人，并确定其监护的人员和工作范围。专责监护人不得兼做其他工作。

专责监护人临时离开时，应通知被监护人员停止工作或离开工作现场，待专责监护人回来后方可恢复工作。专责监护人需长时间离开工作现场时，应由工作负责人变更专责监护人，履行变更手续，并告知全体被监护人员。

6.5.4 工作期间，工作负责人若因故暂时离开工作现场时，应指定能胜任的人员临时代替，离开前应将工作现场交待清楚，并告知工作班成员。原工作负责人返回工作现场时，也应履行同样的交接手续。若工作负责人必须长时间离开工作现场时，应由原工作票签发人变更工作负责人，履行变更手续，并告知全体作业人员及工作许可人。原、现工作负责人应做好必要的交接。

相关事故案例

案例一 2005 年 3 月 8 日，国网西藏拉萨供电公司根据年度设备预试工作计划，由修试所高压班和开关班对城东变电站 110kV 城西Ⅱ回线路 042 断路器、避雷器、电压互感器、电容器进行预试及断路器油试工作。在做完断路器试验，并取出油样后，高压班人员将设备移到线路侧做避雷器及电压互感器预试工作。此时，开关班人员发现城西Ⅱ回线路 042 三相断路器油位偏低，需加油。在准备工作中，开关班工作负责人（兼监护人）查 ×× 因上厕所短时离开工作现场，11 时 29 分，开关班临时工热 × 走错间隔，误将正在运行的 2 号主变压器 032 断路器认作停运检修的 042 断路器，爬上断路器准备加油，刚接触到 2 号主变压器 032 断路器 A 相，发生触电，随即从 032 断路器 A 相处坠地，经抢救无效于 2005 年 3 月 8 日 11 时 36 分死亡。

事故原因分析：

（1）工作票不规范，没有填写现场具体安全措施，属不合格工作票；工作票审核、批准未能严格把关，管理存在漏洞。

（2）工作许可人没有认真履行职责，在布置现场安全措施时没有认真进行现场查看和进行危险点分析，现场安全措施不完善，未设置工作遮栏。

（3）工作负责人没有认真履行应有职责，没有召开工作班前会，没有认真向工作班组成员进行安全交底；同时不严格执行现场监护制度，造成事故隐患。

（4）临时工安全意识差，没有对现场工作的设备进行核对，走错间隔，导致事故发生。

案例二 2006 年 3 月 3 日，国网浙江宁波供电公司 220kV 新乐变电站发生一起工程外包单位油漆工误入带电间隔造成 110kV 母线停电和人员灼伤事故。3 月 3 日的工作中，其中一项为潘花乐 1230 正母闸刀油漆、新中 1377 正母闸刀油漆，由外包单位奉化实兴电气安装公司（民营企业）承担。工作被许可后，工作负责人对两名油漆工（系外包单位雇用的油漆工）进行有关安全措施交底并在履行相关手续后，开始油漆工作。下午13时30分左右，完成了潘花乐1230正母闸刀油漆工作后，工作监护人朱××发现潘花乐1230正母闸刀垂直拉杆拐臂处油漆未到位，要求油漆工负责人汪××在新中1377正母闸刀油漆工作完成后对潘花乐1230正母闸刀垂直拉杆拐臂处进行补漆。下午14时，工作监护人朱××因要商量第二天的工作，通知油漆工负责人汪××暂停工作，然后离开作业现场。而油漆工负责人汪××、油漆工毛××为赶进度，未执行暂停工作命令，擅自进行工作，在进行补漆时跑错间隔，攀爬到与潘花乐1230相邻的潘荷新1229间隔的正母闸刀上，当攀爬到距地面2m左右时，潘荷新1229正母闸刀A相对油漆工毛××放电，油漆工被电弧灼伤，顺梯子滑落。14时5分110kV母差保护动作，跳开110kV副母线上所有断路器，造成由新乐变供电的3个110kV变电站失压，损失负荷12.2万千瓦（占宁波地区负荷的3.4%）。14时50分恢复全部停电负荷。伤者立即被送往当地医院治疗，目前伤情稳定，无生命危险。

事故原因分析：

（1）油漆工毛××安全意识淡薄，不遵守现场作业的各项安全规程、规定，不听从工作监护人命令，擅自工作，误入带电间隔。

（2）工作监护人朱××监护工作不到位，在油漆工作未全部完成的情况下，去做其他与监护工作无关的事情，将两个油漆工滞留在带电设备的现场，造成失去监护。

（3）施工单位对作业人员安全教育不全面、不到位，现场管理不严格。

防范措施：

（1）进一步加强对外包队伍的资质审查，特别要加强对外包队伍作业负责人的能力审查；严把民工、外包工、临时工作业人员进场的“准入关”。

（2）加强对外包作业人员安全意识教育，特别是对在带电设备附近、高处作业、起重作业等高风险作业场所的民工、外包工、临时工作业人员，要认真进行安全教育，经严格考试合格后，方能参加相关作业，以进一步提高该类作业人员的自我保护意识和自我保护能力。

（3）各作业现场工作负责人（监护人）必须切实负起安全责任，加强作业现场的安全监督与管理，特别是要加强对民工、外包工、临时工的监督、指导，确保工作全过程在有效监护下进行，防止该类作业人员在失去监护的情况下进入或滞留在危险作业场所。坚决制止以包代管的情况发生。

案例三 2007年1月26日，国网湖南省衡阳供电公司高压检修管理所带电班职工王彤（男，33岁）在110kV 鄙牵Ⅰ线衡北支线停电检修作业中，误登平行带电的110kV 三鄙线路35号杆，触电身亡。

事故经过：

因配合武广高速铁路的施工，衡阳电业局计划元月24—27日，对110kV 鄙牵Ⅰ线全线停电，由国网湖南省衡阳供电公司高压检修管理所（设备检修主人）进行110kV 鄙牵Ⅰ线16-1、16-2、90号杆塔搬迁更换工作，同时对鄙牵Ⅰ线1～118号杆及110kV 鄙牵Ⅰ线衡北支线1～44号杆登检及瓷瓶进行清扫工作。郾牵Ⅰ线1～118号杆及110kV郾牵Ⅰ线衡北支线1～44号杆工作分成三个大组进行，分别由高检所线路一、二和带电班负责，经分工，带电班工作组负责衡北支线1～44号杆停电登杆检查工作。元月24日各工作班，在挂好接地线，做好有关安全措施后开始工作。元月26日带电班的工作，又分成4个工作小组，其中工作负责人莫××和作业班成员王×一组负责郾牵Ⅰ线衡北支线31～33号杆登检及瓷瓶清扫工作，约11时30分，莫××和王×误走到平行的带电110kV三郾线35号杆下（原杆号为：郾牵Ⅱ衡北支线32号杆），在都未认真核对线路名称、杆牌的情况下，王×误登该带电的线路杆塔，在进行工作时，造成触电，并起弧着火，安全带烧断从约23m高处坠落地面当即死亡。

事故原因分析：

（1）直接原因：

1）工作监护人严重失职。莫××是该小组的工作负责人（工作监护人），上杆前没有向王×交代安全事项，没有和王×共同核对线路杆号名称，完全没有履行监护人的职责，严重违反了《国家电网公司电力安全工作规程（线路部分）》2.5.1、2.5.2的规定。

2）死者王×安全意识淡薄，自我防护意识差，上杆前未认真核对杆号与线路名称，盲目上杆工作，严重违反了《国家电网公司电力安全工作规程（线路部分）》5.2.4第三款的规定。

3）运行杆号标识混乱。110kV三郾线为3年前由110kV郾牵Ⅱ线衡北支线改运行编号形成，事故杆塔三郾线35号杆上原“郾牵Ⅱ线衡北支线32号”杆号标识未彻底清除，目前仍十分醒目，与“三郾线35号”编号标识同时存在，且杆根附近生长较多低矮灌木杂草，影响杆号辨识。

（2）间接原因：

1）检修人员不熟悉检修现场。国网湖南省衡阳供电公司高检所带电班第四组工作人员不熟悉检修线路杆塔具体位置和进场路径，且工作前未进行现场勘查，工区也未安排运行人员带路，是导致工作人员走错杆位的间接原因。

2）施工组织措施不完善。本次鄢牵Ⅰ线杆塔改造和线路登杆检修工作为国网湖南省衡阳供电公司春节前两大检修任务之一，公司管理层对工作的组织协调不力，管理不到位。工区主要管理人员忽视线路常规检修的工作组织和施工方案安排。

3）现场安全管理措施的有效性和针对性不强。作业工作任务单不能有效覆盖每个工作组的多日连续工作，班组每日复工前安全交底不认真。班组作业指导书针对性不强，危险点分析过于笼统，缺少危险点特别是近距离平行带电线路的具体预防控制措施。工作组检修工艺卡与班组作业指导书脱节，只明确检修工艺质量控制要求，缺少对登杆前检查核对杆号的要求和步骤，对登杆检修全过程的作业行为未能有效控制。

4）线路巡线小道及通道维护不到位，导致小道为杂草灌木掩盖，难以找到，且通行困难，给线路巡视及检修人员到达杆位带来很大不便。

案例四 2013年4月12日14时29分，某供电公司110kV获港变电站，安全运检部变电运行班人员在10kV Ⅰ段母线电压互感器由检修转为运行操作中，带地线合隔离开关，导致2号主变压器跳闸、10kV开关柜受损。

事故前运行方式：

110kV获港变进行综自改造，1号主变压器及三侧断路器处于检修状态，2号主变压器运行，全站负荷33MW；10kV母联100断路器、35kV母联300断路器运行，10kV Ⅰ段母线电压互感器处于检修状态。微机防误系统故障退出运行。

事故经过：

2013年4月12日13时20分，变电运行班正值夏××接到现场工作负责人变电检修班陆××电话，"110kV获港变电站10kV Ⅰ段母线电压互感器及1号主变压器10kV 101断路器保护二次接线工作"结束，可以办理工作票终结手续。14时整，夏××到达现场，与现场工作负责人陆××办理工作票终结手续，并汇报调度。14时28分，调度员下令执行将获港变10kV Ⅰ段母线电压互感器由检修转为运行，夏××接到调度命令后，监护变电副值胡××和方××执行操作。由于变电站微机防误操作系统故障（正在报修中），在操作过程中，经变电运行班班长方××口头许可，监控人夏××用万能钥匙解锁操作。运行人员未按顺序逐项唱票、复诵操作，在未拆除1015手车断路器后柜与Ⅰ段母线电压互感器之间一组接地线的情况下，手合1015手车隔离开关，造成带地线合隔离开关，引起电压互感器柜弧光放电。2号主变压器高压侧复合电压闭锁过流Ⅱ段母线，后备保护动作，2号主变压器三侧断路器跳闸，35kV和10kV母线停电，10kV Ⅰ段母线电压互感器开关柜及两侧的152、154开关柜受损。事故损失负荷33MW。

事故原因分析：

这是一起典型的人为责任恶性电气误操作事故。

（1）变电运行人员安全意识淡薄，“两票”执行不严格，习惯性违章严重，违反倒闸操作规定，未逐项唱票、复诵、确认，不按照操作票规定的步骤逐项操作，漏拆接地线。

（2）监护人员没有认真履责，把关不严，在拆除安全措施后未清点接地线组数，没有对现场进行全面检查，接地线管理混乱。

（3）防误专业管理不严格，解锁钥匙使用不规范。在防误系统故障退出运行的情况下，防误专责未按照要求到现场进行解锁监护，未认真履行防误解锁管理规定。

（4）主变压器 10kV 侧保护未正确动作，造成事故范围扩大。

（5）到岗到位未落实。在变电站综自改造期间，县供电公司管理人员未按照要求到现场监督管控。